欧式典藏系列

EUROPEAN
European Leisure

欧式休闲
CLASSIC

解 读 经 典 品 味 欧 式

中 国 林 业 出 版 社
China Forestry Publishing House

Contents 目录

剧 ING 剧漫吧
Series ING series diffuse.

设计单位：YI&NIAN 壹念叁仟　　设计师：李战强

项目地点：郑州市商务内环与西一街

项目面积：1500 平方米

主要材料：旧木、钢板、水泥板、绿植

　　本案设计理念以"聚""剧"为主线，"聚会"&"剧本"以增加亲朋好友聚会，改变依靠网络虚拟沟通现象为设计初衷。

　　林立充满钢筋水泥的都市，寻找一个惬意的朋聚空间是设计之初的一个创想。空间特制巨型热弯钢板模拟胶片、收集老电影放映机、八十年代收音机、老电视、旧皮箱以及电影摇臂共同组合一个复古体验咖啡空间；每一种材料都在寻找一个适合自己的舞台，不排斥常规材料的外貌及价格类别，重新发现他们的世界，还原普通材料的设计价值，充分利用质感和光感，表达每个建材生命的情感世界。

材料工艺运用钢板热弯加工、激光切割、以及酸腐蚀处理；旧木采用拉丝风化、切割、组合；水泥仿古处理工艺，运用立体绿化及树干装置进行空间色彩对比和质感对比营造做新如旧的商业体验空间……

剧漫吧内每一种材料都有她的生命价值，不排斥常规材料的外貌，发现他们的内心世界，还原普通材料的设计价值，充分利用质感和光感，表达每个生命的内心世界。没有华丽材料堆砌．静心倾听钢板和旧木，废纸，木屑，树干，水泥，绿植的心声……来剧组，带上闺密喝杯咖啡，翻翻剧本，聊聊剧情……

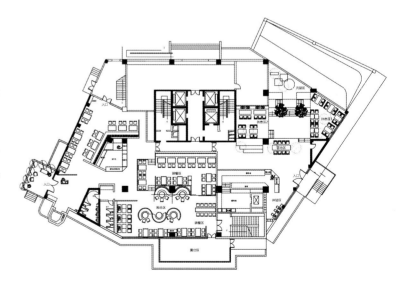

一层平面布置图

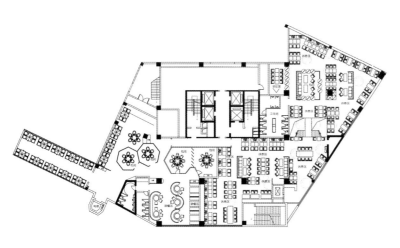

二层平面布置图

Amazing club
Amazing club

设计单位：杭州意内雅建筑装饰设计有限公司　　设计师：朱晓鸣

项目地点：浙江省杭州市

主要材料：回购老木板 、镜面铝板、钢板、
　　　　　红砖、素水泥

在各种喧闹、劲爆的慢摇吧大行其道的当下，本案想尝试摆脱业界风格流派的束缚；打破夜店单一风格的怪圈，寻找自我的一条另类小径，犹如波萨诺瓦的音乐，虽然小众混合多元却俨然成了都市新贵的最爱。

在空间的规划上，不论来访客人是孤身只影的买醉或是三五成群把酒言欢，根据客群人数与情感的不同需求，我们划分了大厅区、表演区、LOUNGE 小厅及唯一的 VIP ROOM。结合当下年轻人多元化的喜好与时尚复古的追逐，在空间的风格导入中并非一味的导入过于主题性的设计手法，采用较为随意混合的设计

手法，将工业构成主义及粗狂质朴的美式乡村元素甚至于复古的法式浪漫风情根据空间性质的划分，有所交融又彼此侧重呈现。

为增加视觉的张力与情感记忆度，在材质上新与旧、刚与柔、色彩的亮与暗的矛盾结合，既赋予空间统一的感性共性，又催化了微妙的情绪触动。旨在于刻画一个看似轻盈随性却又曼妙自己的空间情绪体验。

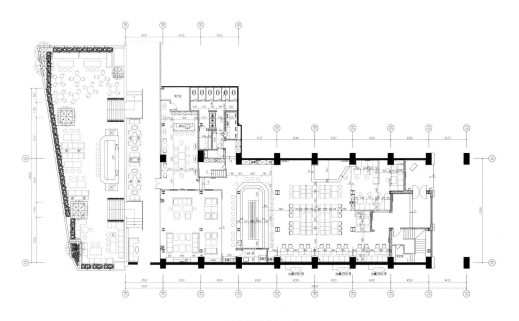

一层平面布置图

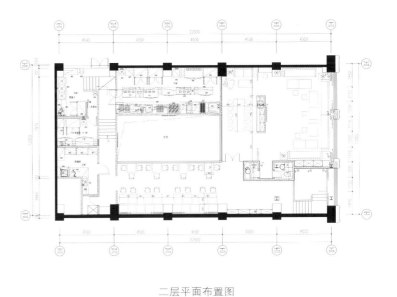

二层平面布置图

黄埔绅豪会所
SHENHAO vip club
设计单位：HONGKONG H.D INTERIOR DESIGN CO.,Ltd.　设计师：谭哲强

项目名称：广州黄埔绅豪会所

项目地点：广东省广州市

项目面积：2500 平方米

本案通过设计理念、色彩、灯光的搭配，巧妙地进行声光美学大融合，营造出高雅大气的娱乐氛围；

风格上新古典与现代时尚元素水乳交融，摒弃浮夸、昂贵的材料堆砌，利用不同的材质组合空间，外表看似坚硬，配以细腻的灯光，形成高贵典雅但又充满力量与活力的空间气氛。

本案准确地把握整体空间基调，合理应用声、光、美学，融合新古典风格与现代时尚元素，摒弃浮夸、昂贵材料的堆砌，巧妙利用设计手法和色彩、灯光搭配，营造出高档、有品位的娱乐氛围，呈现出奢华大气的空间。空间整体以黑白色为主色调，配以高贵的蓝紫色、淡绿色，高贵典雅的气氛下又不乏轻松亮丽。

多层水晶珠子搭配炫目吊灯，营造一种高贵奢华的氛围；黑白排列组合的地板，时而组成几何形状，时而开出艳丽的花束，配以接待处清新淡雅的绿色给人以轻松活泼感；中式花朵布艺背景墙融合于以法式古典沙发为主调的空间，和谐高雅；极致的黑灰石材，外表看似坚硬，温柔细腻的黄色灯光折射其上，透出典雅的质感。

风格上新古典与现代时尚元素水乳交融，形成高贵典雅但又充满力量与活力的低调奢华空间气氛。

一层平面布置图

二层平面布置图

仙华檀宫皇家会所
Xianhua Sandalwood royal club

设计单位：上海璞尚室内设计咨询有限公司　设计师：蔡军

项目地点：浙江省金华市

项目面积：4000 平方米

以顶级奢华娱乐会所为基调，偏重商务方向。将极致奢华与沉稳商务的气质相融合。

项目将黑色，金色，白色，宝蓝色等经典奢华系色彩作为主题。从精美繁复的石材拼花和经典的欧式奢华线条图案元素等细节中点点渗透。体现出空间层次丰富，华丽非凡的整体气质。

大堂增加炫动舞台空间提升张力，公共走道以柱廊的结构体现宫廷式奢华感。

大面积采用黄玉石材，以黑色银白龙及部分白色石材配合出宫殿感主基调，而镜面蓝色咖色马赛克增加空间炫丽时尚的质感。

与项目整体的风格定位混为一体，让客户始终体验到华贵炫丽的娱乐氛围。

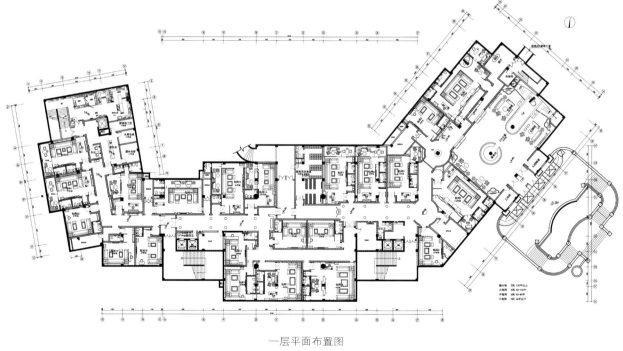

一层平面布置图

阳光新业会所
The researchers Club

设计单位：北京包达铭建筑装饰工程有限公司　　设计师：王宏

项目地点：北京朝阳区

项目面积：1000 平方米

由于是改造项目，业主要求与现实情况的平衡成为焦点，在定位上力求大气，高雅。

根据会所不同空间的功能属性，将多种风格有机融合。

由于原建筑为公寓，在各种管线的制约条件下，灵活运用，创造出丰富的空间层次和流动性。

运用新材料（玉石）的组合产生新的亮点。

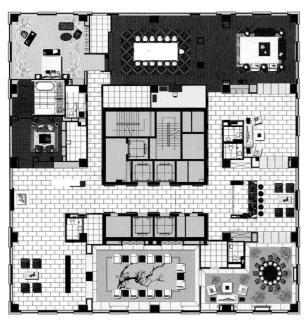

一层平面布置图

迷藏
Hide and seek
设计师：孟可欣

项目地点：北京市朝阳区

项目面积：1000 平方米

主要材料：罗奇堡家具、西班牙乐家洁具、
　　　　　亚威护墙板、意大利 Zanaboni 家具

本案的业主是服务高端客户的家居企业，　客户的业务主要是高端豪宅。　在临近公司的位置构思一个多功能会所。　主题主要是与"家""生活""艺术"有关。　所以有了"艺术"与"家"的概念。客户提出了家和艺术双重概念作为会所的主题 前半部分为艺术品展示，后半部分则作为豪宅生活样板展示，要在一个连贯长廊式 L 型空间中分出 3 种不同不连贯的风格。　以此来满足不同客人的需求。"精神格调"它蕴涵于作品，蕴涵与真正的创作而成的作品中。

入口的雕塑是艺术家王瑞林的作品《迷藏》。
第一部分大圣入定相：齐天大圣的神通广大与坐禅

入定神妙的结合。巧妙的讲述了力量与宁静的主题。洽谈区的人体座椅来自意大利设计师法比奥•努维伯尔 Fabio Novembre 而桌子则是定制老榆木。两种不同性格的混搭。

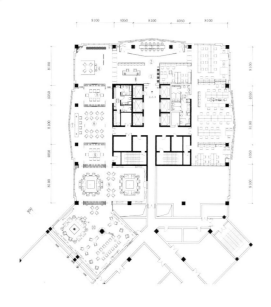

一层平面布置图

如果说人体座椅是后现代戏谑的表现，那么桌子则是不伪自然的表达。而黑色和原木色看起来深沉宁静，却在人体的曲线雕刻中暗含着某种不安的力量。第二部分优雅者：优雅是和谐，是松弛，是曲线，是柔缓，是艺术的产物。他们从来不跌跌撞撞，永远都表现的圆融而舒缓。原则上优雅者从不拒绝任何色彩，却能融化一切色彩。融化的那样有诗意且自然而不留痕迹。他们是造物的高手，能与神对话的使者。开阔的大厅划分为二种区域，内组围合沙发区域和洽谈区。而在色彩上则是经过计算的。背景的米黄色护墙，蓝色的沙发，酒红色的座椅，不同比例的摆放着。体现了所有的原色构成。所以在视觉上是饱满丰富的。而且同时象征着法国式的古典时尚，酒红的波尔多。纯蓝的国旗色。米黄的阿维尼翁城堡无不收敛其中。家具款式上采用了法国品牌 RocheBobois。表现优雅时尚。而空间用途更多体现了巴黎的某种沙龙文化。第三部分权贵者：你可以看到他们的界限，那样不可触碰。有时甚至有些夸张。但不可否认权贵者有自己构造天堂的方式。雕塑式的表达方式，珍贵稀缺的物料。精雕细琢的手工制作，超越人体的尺度。无疑不诠释着自己的空间性格。而此刻权贵与美瞬间凝固了。最后的章节表现的是一种沉稳和奢华。一种交响乐式的表达。古堡式的就餐长桌，托举人物大理石雕刻壁炉，科林斯浮雕柱式样胡桃木护墙，拿破仑帝国风格的单人沙发，意大利巴洛克风格的家具，早期文艺复兴"十字"图案的实木拼花地板。这些元素交交织在一起相互凝视，呼应，共鸣。

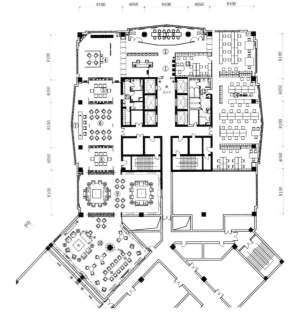

二层平面布置图

米乐星 ktv 武汉店
Mi lexing KTV Wuhan Branch

设计单位：开物设计事业有限公司　设计师：杨竣淞

项目地点：湖北省武汉市

项目面积：6200 平方米

主要材料：马赛克、石材、Frp、
　　　　　人造皮革、喷漆

给予大众消费者一个新的娱乐地点，不同于一般的 KTV。

童话乐园式的概念设计，植入小丑、独角兽、兔子，各式动物雕像，依着合乎现实身形的比例大小呈现，来此欢聚的人们，彷彿成为缩小后的爱丽丝。

运用森林里各种动物象征各种尺寸包厢的差异性，透过光氛展现出的形意，倾注娱乐意趣，带动整体的活泼性。例如 VIP 室及市运用旋转木马、西洋棋的主题形式增加故事娱乐效果。以大型的游乐园作为创意发想，整合休闲多元化的概念，透过设计、灯光、语汇、造型建立另类的复合式空间旨趣与娱乐效果。

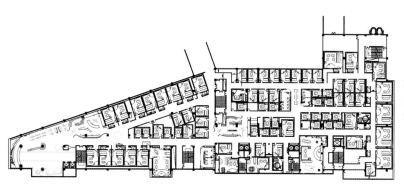

媒材的选择上跳脱传统商业空间的不耐用或者沦为材料的拼贴，透过视觉、影像、色调传递魔幻的情境，如果把大厅与公共空间寓意为乐园，消费者是空间主角，歌唱的包厢便是森林洞穴，透过灯光的明暗层次设计出空间氛围，把主角留予人与音乐，利用色彩作为包厢的分类计划。

跳脱出一般大众对于KTV空间既有的印象，给予一种独特新奇的唱歌经验。

一层平面布置图

如意会所
The best club
设计师：王俊钦

项目地点：北京朝阳区

项目面积：500 平方米

主要材料：镜面、拉丝玫瑰金不锈钢、牛皮、
　　　　　银箔、金箔、壁纸、茶镜、明镜、
　　　　　橡木饰面板、 西班牙米黄石材、
　　　　　雅士白石材

　　如意会所，市场的定位是局限于高端群体特定目标的服务，这里隐藏的是一种生活的态度和方式：高贵性、私密性的享受。让人有尊贵的感觉，显现豪华、贵气，宁静和内敛带来绝佳的享受。提供着与个人身份相符或更高级别的服务、带来人文文化和商业化的环境，也给客户在此获得最高的服务附加值。

　　它是一个高雅节制的形象，它不过于前卫，也不会过于华丽，它继承了日式的设计精细、欧式华美的传统。用最凝练的色彩与线条，构筑起最简单与华丽的生活方式，成为了如意会所艺术王国的解码器。设计师独具匠心的设计给业主带来了极大视觉震撼，华丽如宫殿的气势、流畅的线条、晶莹低调的色彩，与鸟巢为舞，把盘古七星华丽尊贵的外表天衣无缝地搭配在一起。如意会所的奢华并没有背离人性化的初衷，成就了富人群体的心灵港湾。

本案地处北京鸟巢西侧之盘古大观七星摩根广场内，以会所形式为设计主轴，内部空间以中心大厅连接三大专属贵宾室布局全盘，贵宾室彼此间独立而至，彰显私人气质。以"如意"为此案设计主精神，"祥云、灵芝、如意"，它那旋绕盘曲的似是而非的花叶枝蔓确得祥云之神气。奢华而不张扬，内敛而彰显丰厚底蕴，把会所的气质内涵、性格的彰显、氛围的营造完美展现于空间脉络中，也鼓动着放纵而享乐的艺术生活之感。

初踏走廊过道，拉丝玫瑰金不锈钢的建筑造型门楣、细腻牛皮式曲面、金箔式穹顶，雅士白石材地面，无一不默默地彰显出入此间的客人非富即贵。进入大厅，圆融之天穹银顶空间，大气的场面，震慑全场。天穹之处以LED光纤灯营造出行云流水之效果，并以"如意"祥云流水之线条勾勒出低调奢华，墙面以金属扣用意象雕花呈现于牛皮墙面，更增添空间之稳重。大厅处的等候区，水晶吊灯、红酒幕墙、价值连城的古董、墙面壁炉、欧式顶级家私，步入其间，仿佛穿越时光的隧道，进入了欧洲的贵族沙龙。三大贵宾室更以不同设计风格呈现给享用者，有别于一般的会所设计。设计之初就从使用者角度策划空间功能，以更精致且完善的服务切合实际需求，各不同包厢个性鲜明，私密性极好，是名流贵宾的社交聚会之处。真正的奢华决非金碧辉煌的堆金砌玉，艺术与品味的相映生辉，才能

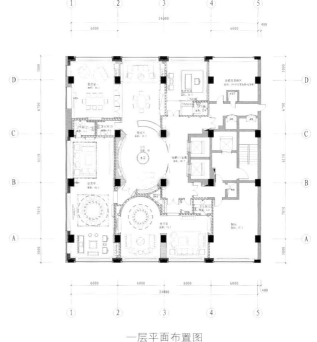

一层平面布置图

成就殿堂级的奢享。

中式贵宾室为本案中心，此空间以中式设计为主，空间分为会客区及用餐区。空间为开放形式呈现，整体设计并非以传统中式表现，而以简约并稳重的方式展现。室内吊顶用银箔面叠加并旋转，配合华丽的水晶吊灯，把空间装饰的流光溢彩。墙面以黑檀木与茶镜虚实表现稳重质感并以画龙点睛之形式，将中式之百宝阁以金属材质的反差点缀其间。为增加中式底蕴及视觉冲击，采用后现代主义手法，将简约式奢华的欧式家具及水晶灯与现代手法中式家具相互结合，围合出一个气派的空间。大量皮革、绸缎、马鞍缝法的皮毛、印花织物的运用，让人一进入仿佛跌进奢华的海洋。这里家具的奢华可以被称为"头发丝上的奢华"，每个细节展现的是那么尽善尽美。 经典的艺术概念，贵族式的豪华奢丽与流行中的大胆、热情因素的完美混合让法式贵宾室产生令人震撼的魅力。以法式巴洛克宫廷奢华风格为主，用现代并优雅得奢华去呈现。整体空间分为会客区及用餐区，会客区顶部以欧洲文艺复兴时期教堂天顶画为元素，用金箔并雕以立体刻花表现宫廷的奢华；用餐区之半圆融空间，墙面以简洁欧式雕花装饰显得富丽而高贵，欧式穹顶金箔展现主题，充满了高贵的气质。这里空间优雅但不失雍容的华丽，坐在舒适的沙发上，远眺窗外水立方及鸟巢之独一无二

的夜景，更能衬托了此刻的盛宴之意。

意式贵宾室，它不仅仅是设计。意大利的奢华风范和设计中的时代感，更流露着对梦想的写意，让客户成为名利场的贵族之气氛。空间设计以意式奢华和浪漫之设计思考为主轴，此贵宾室分为雪茄会客区及用餐厅。吊顶以极度奢华的线条雕花及金银箔搭配，交叉点缀着墙面的整体式皮革。搭配墙面、线条线板刻花，金镜现代手法，将繁复之设计简沽化。低调优雅，家具以最精致的设计语言简化线条，其典雅的造型和雍容大度的气质，成为了意大利风格最好的注解。低位的烛台、天顶上的镜面把空间装点得奢华而梦幻，贵族阶层的生活因此呈现，他们谈论生活、经济、文学等。足以让品酒的人士找到口味，摇晃着水晶杯，闻着酒香，品味着尊贵。

案板运用了镜面、拉丝玫瑰金不锈钢、牛皮、银箔、金箔、壁纸、茶镜、明镜、橡木饰面板、西班牙米黄石材、雅士白石材等。

梦剧院高街会所
Dream Theater High Street Club
设计师：梁小雄

项目名称：帝豪花园酒店梦剧院高街会所

项目地点：广东东莞市

项目面积：1800 平方米

一个令人惊异的会所项目，它颠覆了喧闹浮夸的娱乐会所一贯的设计风格，它的低调奢华，精彩纷呈足以令人流连。

每间包房的主题来自 11 个世界奢侈品牌，比如：Hennessy,Hermes,Chanel, Moet&Ch on 元素源自奢侈品牌的手袋，包装盒，服装元素，丝巾以及颜色。

项目设计了 11 间包房，宽阔的走道令会所气派非凡，每款包房地毯的设计都是独一无二。会所设计最终的目标是希望为宾客带来一次独特的品牌之旅。

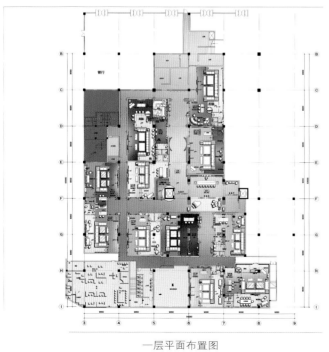

一层平面布置图

巴登巴登温泉酒店
Baden Baden The Springs Hotel

设计单位：无锡观点设计　设计师：孙传进

项目地点：江苏无锡市

项目面积：3800 平方米

地处繁华的无锡新区中心商务圈，是服务于追求高档品质生活的中高档消费人群的温泉俱乐部。

在环境风格上：会所硬件设施采用了星级配置，环境典雅、舒适。内部独特的设计，融汇了高压，时尚风格。

在空间布局上：其设计大方、亲和、豪华，创造了一种轻松、休闲的艺术气氛。其中核心区域弧形墙的设置极具体验感。

在选材上：设计时尚、装修奢华，大量应用LED、光纤、亚克力、不锈钢、玻璃镜面等冷色调材料为主，对比鲜明。

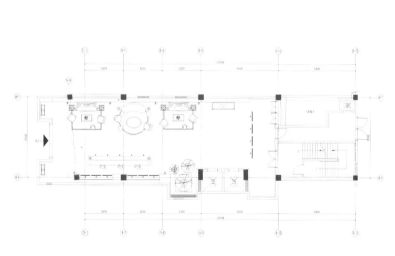

一层平面布置图

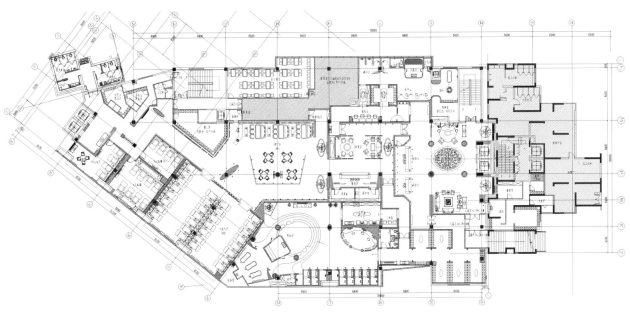

一层平面布置图

三层平面布置图

中山国际会馆
Zhongshan International Club
设计师：陈文珊

项目地点：广东中山市

项目面积：20000 平方米

该项目为酒店配套改造项目，原酒店为当地五星级标志性酒店，配合该酒店的一贯文化定位，该设计采用现代欧式设计。

合理利用空间，配合具有独特风情的家具，装饰品，体现出高端私人会所特色的娱乐空间。

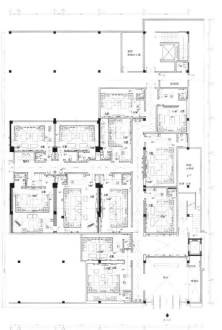

一层平面布置图

Agogo Clubhouse
Agogo Clubhouse

设计单位：汤物臣·肯文设计事务所　设计师：谢英凯

项目地点：北京崇文区

项目面积：4912 平方米

主要材料：黑海玉石、罗曼金石、铜、木纹防火板、工艺玻璃

本案的设计注重中国文化的传承与国际性风格接轨。如同棋子的对弈，相互平衡、相互制约、相互转化，并不断地根据功能形式的改变而变化，产生更多的包容性、可变性及可调节性。

空间设计上打破原有的开敞或幽长的常规设计形式，更多以国际性的风格为主调，在层次细节上运用得更具内涵与深度。

设计集中把握"科学、合理、以人为本"的经营娱乐场所的核心理念上，并深层次挖掘消费者的心理行为、消费流程，以推动会所经营运转，获得盈利的同时使消费者提升对品牌文化的认同感。

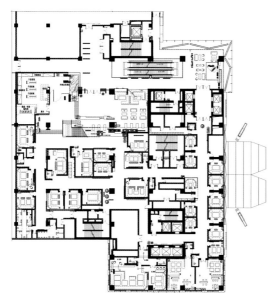

一层平面布置图

二层平面布置图

歌德堡国际娱乐会所
Gothenburg International Entertainment Club
设计单位：创意娱乐设计集团   设计师：陈建秋

项目地点：广东惠州市

项目面积：4000 平方米

针对年轻新贵的心理特征，以清雅别致的设计风格，让客人远离"热闹"，进入典雅的娱乐空间。

摈弃原本夜场花俏的设计风格，而另辟蹊径，采用现代简约的设计手法，突出其简洁、清新的空间特性。融入时尚派对等流行元素。

旧建筑改造，外加一个大堂，整个场所连同停车位都连为一体，客人可直入包房，同时实现室内外景观的结合。包房采用明暗双门，实现客人和服务生出入互不冲突，包房内部娱乐设置多样，功能齐备。

引入自然元素：竹、粗面麻石、藤椅等。

因其设计特色，开业以来，成为当地和周边地区人气最高的高端娱乐会所。

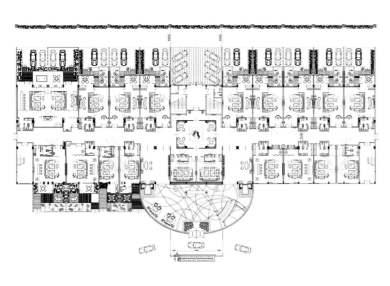

一层平面布置图

三亚红馆
The Sanya Coliseum
设计单位：黄治奇（香港）酒店娱乐策划设计有限公司　设计师：黄治奇

项目地点：海南三亚市

项目面积：8000 平方米

设计师采取构成的设计手法，结合各国元素进行设计，让每个空间展示着各异却又独特的异国风情。

流动的线条，魔术般地把空间勾勒出神秘感，又犹如风情万种的女舞者在尽情地挥洒舞姿

整个空间如同注入了兴奋剂，激活着人们体内的每一个细胞，挥霍着内心所有的不安。

色彩鲜艳的大理石。

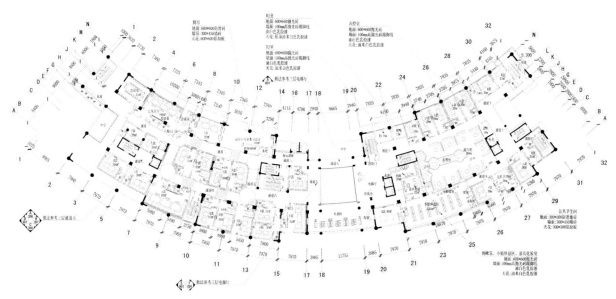

二层平面布置图

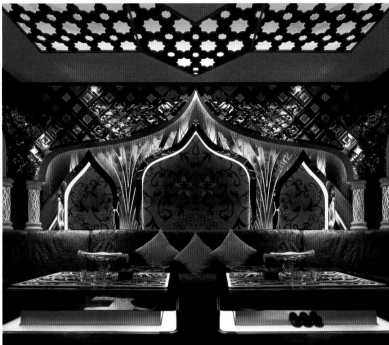

喜悦西餐酒吧（万象城店）
Joy Western-Style food bar

设计单位：深圳市新冶组设计顾问有限公司　设计师：陈武

项目名称：深圳市喜悦西餐酒吧－万象城店

项目地点：深圳万象城二期

项目面积：700 平方米

主要材料：墙面波斯海浪灰大理石、地面圣罗兰大理石、旋转大门古法琉璃、浮雕实木搽色做旧、仿古木地板、天花浅香槟金银箔、紫铜、仿古实木板

本案位于深圳最繁华的商业区，设计师意图做一个闹中取静、考究又不失亲切的高级西餐酒吧，为城中奔忙于工作的达人们打造一个享受timeout的商务、休闲空间。

项目位于万象城二期三楼，设计师通过精致选材和内敛用色，奠定了本案新古典的整体调性。在餐厅风格上选用新古典，设计师是经过斟酌的——在现今风格多样的餐厅中，新古典沉淀出的历久弥新感可谓独树一帜；新古典塑造出的安详、柔和又不失风韵的气息也符合设计师对本案的思考：真正的享受，无须

矫揉造作，更不可令人无所适从，它应呼应生活阅历、品质需求，是一种内化了的心之所求。

喜悦西餐酒吧，集餐厅与酒吧两种业态一体，同时还兼营 party 聚会，顾客群体定位为高级商务和精英人群，均有着广博的见识与一流的品味。因此，兼顾用餐的仪式感与酒吧的闲适感，同时确保具有经得起挑剔的品质成为平面布局与风格选择的难点和出发点。

在一二楼错落的门店中探出"喜悦"的 LOGO，虽不张扬，却清朗笃定。旋转大门钝重端庄，仿佛要隔开身后万千烦忧。紫铜造型树叶散落在波斯海浪灰大理石上，给顾客第一眼的安宁。而惊喜随之而来，大片绿色植被织就成一整面"会呼吸的墙"，伴随着潺潺流水声，让室外钢筋水泥森林的疏离感立即被消解。将活体植物大量运用于室内空间，既是先进新技术的大胆应用，更传递出设计师的关怀与巧思：在浮躁的现代都市里，哪怕一片纯绿，一些自然生息的空气，都是妥帖的慰藉；而在后工业气质的硬朗空间里糅合进勃勃生命力，也不可不谓是对模式化风格的挑衅。所谓随喜自由，彰显于此。室外的仿街灯设计也让在夜晚中用餐的人们感受到餐厅的关怀和设计师的用心。

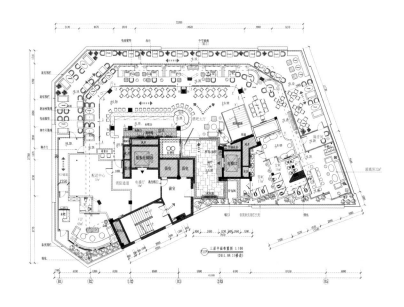

一层平面布置图

银城红酒会所
Yincheng Wine Club

设计单位：广东省集美设计工程公司 W 组　设计师：李伟强

项目名称：暮光之城－银城红酒会所

项目地点：广州番禺区市桥嘉立思酒店左侧

项目面积：330 平方米

主要材料：环球石材、西顿照明

会所位于广州番禺区市桥嘉立思酒店左侧，临近海伦堡等高尚住宅区。这样特殊的地理位置决定了此会所只能定位为中高端。其所针对的客户群以白领、企业高管与中小企业为主的精英人士，而时下大量单一，烦躁，喧闹的娱乐场所已经无法满足此类消费者的需求，他们不但要玩得开心，还要玩得健康和有品味。所以设计师对会所设计的定位是低调、奢华、成熟。

会所的最大特色在于具有多变性格：在华灯初上时，会所舒适而幽雅，宛如一位优雅的绅士迎接来自各方的尊贵宾客；暮色渐浓之际，会所又会变身为激情四溢的舞者，向客人展现自信与妖媚……而这一切

都是在缓缓地渐变中进行的，绝不会给人以生硬之感。与时下很多同类型的空间相比，银城红酒会所少了些造作与浮夸－－－"矍眼娇"，而多了几分让人捉摸不透的神秘感。

会所内部采用精致细腻的实木栏杆，优雅华贵的仿古路灯，风格独特的英式电话亭处处洋溢着浓厚的英伦风情。令客人仿佛置身于伦敦街头。此外，周边的墙上挂满了大小不一的世界名画印刷品，每幅都经过精挑细选，安静地向客人讲述着它们各自的历史与故事。

在空间布局上设计师针对基地平面呈半圆状，向心力很强的特点，在空间的视觉中心点设置了一个两层高的形象墙，并且在它前面设置DJ台与表演舞台。很轻易地把空间里每个角落的客人都吸引到这个聚焦点上，对DJ及演员们带动起全场的气氛很有帮助。此外，原建筑空间高6米多高，作为演艺场所则因为太高大而缺乏互动性与亲和力，所以设计师除保留中心地带的开敞外，其余四面都加建起阁楼，首先拉近了演员与观众的距离，加强了两者的相互联系。其次也大大增加了营业面积。

在设计选材方面，设计师除了采用传统英式酒吧较多的皮革，实木和红铜造型外，也融入玻璃菱镜，黑海玉透光石，亚克力透光条等新材料丰富空间的层次感。在软装方面更是运用仿古路灯，英式电话亭，和留声机等道具强化风格定位。

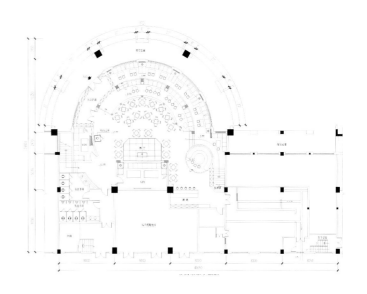

一层平面布置图

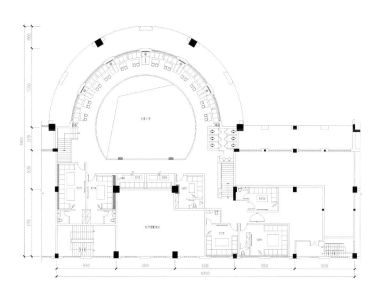

二层平面布置图

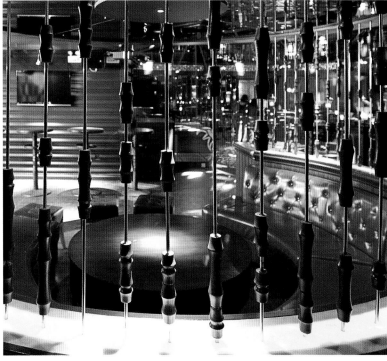

DONE CLUB
Done club

设计单位：广东省集美设计工程公司 W 组　　设计师：李伟强

项目地点：长沙市

项目面积：554 平方米

主要材料：黑色光面石材、光面大花白石材、
毛面水纹银石材、实木仿古木地
板、灰麻石踏板、灰镜、黑色镜钢、
金属挂网、白色人造石吧台面、
真空隔音玻璃

DONE CLUB 位于长沙市中心区域，为城中新贵、潮人打造。以高薪高职高级品博尊敬，牺牲个性任性高兴换所有。费劲心力，得到一切，却躲不过寂寞和孤独。如此都市症候群，人人有份，永不落空。于是，挤入汹涌人群，着最靓的衫，用最潮的 IPHONE，声嘶力竭唱出内心感慨，随节奏起舞发泄原始本能。狂欢，是解药，是慰藉；是自由，也是权利。这是酒吧夜夜爆满的秘密所在：忘掉世俗，快乐最大。此时，空间犹如电音的鼓点变得密集，节奏开始加快，人心跃跃。

根据顾客心理和酒吧运营规律，借用音乐的原理与节奏设计酒吧，赋予空间乐曲的脉络。

主视频是酒吧的视觉中心，设计师突破了传统的单一整面模式，将视频画面进行了多块分割拼接，这是对新技术的大胆尝试，更是空间乐章的SOLO所在。当多块画面各自独立又呼应闪现，并置、拼贴、杂揉、互涉、不确定性、解构等后现代主义意味从骨子里为玩家们带来随心所欲的疯狂冲动，令空间不失激情之美。

从繁华街道进入酒吧前厅，经过特殊处理效果的腐铜格栅LOGO墙，不复以往酒吧的庸俗之姿，奠定雅致艺术调性；以石材切割成特定造型拼接的地面与墙身，成本昂贵，细节讲究，于无声处塑造空间品质；左面的玻璃墙与喷绘彩画带来妖媚华美之感；整个前厅是序曲、前奏，不动声色引你期待即将到来的高潮与精彩。进入酒吧主厅，主厅设计运用了大量灰镜、黑色钢镜等反光材质，搭配不同色调的灯光效果，营造出浪漫迷离的氛围；中庭里五边形的造型酒桌犹如一颗颗分裂的细胞，可以根据客流量及顾客的要求进行自由无缝式组合，此安排既满足了酒吧经营的商业需求，也自然预留给顾客社交网络空间。

让空间与酒吧音乐氛围一起脉动，令DONE CLUB一开张便成为城中最炫之地，达人云集。

一层平面布置图

盛世歌城娱乐会所
Spirit Song City Entertainment Club
设计单位：香港 H·D 室内设计有限公司　设计师：谭哲强

项目地点：广州

项目面积：4500 平方米

主要材料：各式大理石、进口马赛克剪画、进口仿皮、布艺布包、玻璃、镜、不锈钢、不同颜色墙纸

在令人眼花撩乱的繁杂设计及浓重的奢华风设计充斥整个娱乐设计的当下，设计师如摆脱以上设计影子，营造大气、品味、低调奢华的令人耳目一新娱乐空间成为设计重点。

在盛世歌城中设计师巧妙地运用时尚巴洛克风格作为设计蓝本，以时尚界最钟爱的黑与白为主基调，营造一股利落率性的气质，但又截然不同于传统巴洛克的繁复。

空间规划上，4 米高的宽阔走廊，高达 6 米的气派大堂，5 米高的豪华总统房，处处彰显豪华大气的皇家气派，再配以精心挑选的工艺品、软装饰，让整个项目充满人文艺术气息，创造出令人眼前一亮的独具魅力、高雅大气的娱乐贵族新空间。

材质上，带有光泽质感的皮革、高贵典雅的绒布、高光亮感的烤漆、时尚旗舰店惯用的黑镜、晶莹璀璨的水晶，都让巴洛克晕染了时尚界的明亮艳丽；家具上，多种风格家具并陈，有个性化的法式家具、现代风格沙发，设计师以其对空间美学的敏锐感，混搭品牌家具、设计订制家具，把家具也当成艺术品般形塑当代时尚艺术空间。

盛世歌城，以全新的会所原创内涵，新娱乐主张的酣畅，渗透全新的设计理念并融合艺术和音乐的节奏，倾力打造商务无限沟通及抵人心的奢侈品质，打造当最今前沿时尚娱乐流行语言。

三层平面布置图

凯旋门国际会所
Triumphal Arch International Club

设计单位：　　　　　　　　　有限公司　设计师：谭哲强

项目地点：广州

项目面积：2500 平方米

主要材料：欧亚木纹石、进口马赛克剪画、
　　　　　进口仿皮、布艺布包、玻璃、镜、
　　　　　不锈钢、不同颜色墙纸

摒弃昂贵的装饰材料，金碧辉煌的浮夸装饰风格，完全摆脱财大气粗的暴发户感觉，凯旋门国际会所为娱乐空间"奢华"二字作出了全新的定义演绎，"品味"为财富拥有者不可或缺，一如优美的躯体怎可以空泛灵魂，奢华易改，品味难求。每个人或多或少都会向往奢华空间，但要感到有品味却非易事，需要有高明的配搭、技巧和恰到好处的装潢点睛，才能显现奢华品味的气派。

整个项目设计中，每一个空间都先富于主体再搭配，从家具到装修到软件的细致搭配，让整个空间氛围形成优雅的奢华，让法式的小资情调充满会所的每个空间，体现内敛的奢华精细之美。

在会所中，设计师营造出一种优雅尊贵的奢华娱乐空间。整体的色彩运用比较素雅、明快，主体基调以米色为主，配以亮黑、浅灰增加对比，加以水晶钻饰拼花图案增加细节，体现低调优雅的品位。

灯光方面，均用色明亮，表达出古典婉约的气质配以点光源配合水晶装饰灯，令空间柔和却重点突出。

材质搭配上，黑、白、灰相间的云石，亮白的钢琴漆、丝质的布料共同诉说一份优雅的经典。水晶珠帘灯饰、水晶银器和镜面饰品的大量运用，把原本不大的空间折射得更加宽阔明亮。

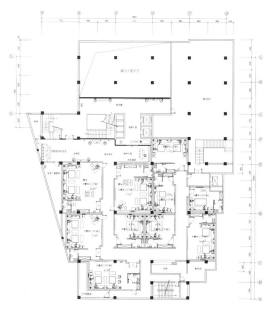

二层平面布置图

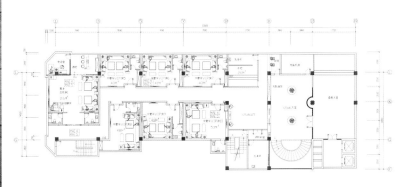

三层平面布置图

宫廷一号国际会所
The court No.1 Entertainment Club

设计单位：北京朗圣装饰设计策划机构

项目地点：长春市

项目面积：1100 平方米

主要材料：盛世卓雅墙纸、JNJ 马赛克、
简一大理石、乐家卫浴

抛去浮华，提升品质，把娱乐消费提高到一个高度，让人们有品位的去消费。

在很低矮的空间里完成一个欧式设计，挑战了空间限制。

在空间布局上采用"借用""共生"手法，是最大创新点，如外墙使用玻璃幕墙，通过玻璃幕墙使门厅的形态成为室外的一个景观，使整个空间产生互生共容的效果由于项目空间相对较小，所以选用咖镜马赛克和咖啡镜，起到丰富空间和空间幻化效果，红砖的使用更赋沉淀的厚重感。

在开业后被高端商业人士认可，成为本地区高端精品休闲娱乐会所。

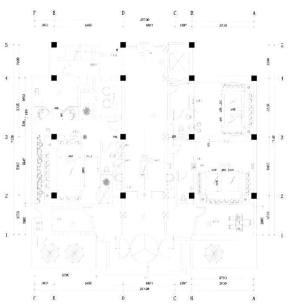

一层平面布置图

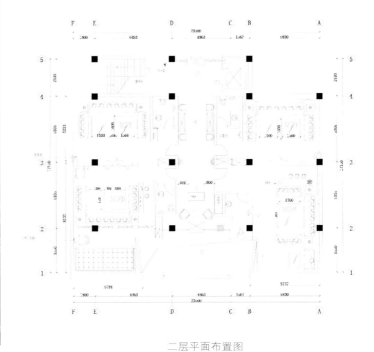

二层平面布置图

触动造型
Touch the modeling

项目地点：北京朝阳区

项目面积：110 平方米

主要材料：LD 陶瓷、索弗伦壁纸、
　　　　　BISAZZA 马赛克

对于美发空间定义的品质提升，　对于美发空间品牌的价值提升。

设计风格是折中新古典主义的现代演绎。

圆形立柱强有力的支撑，挑高的空间结合顶部镜面拉伸效果。

方形图案在墙面和地面的正斜交叠，带出剪刀的律动。

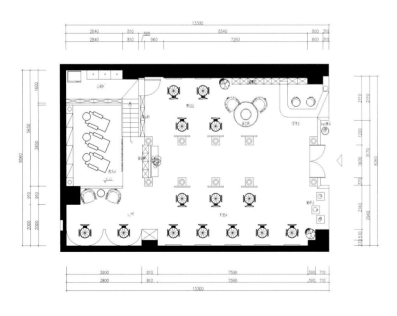

一层平面布置图

巴伐利亚啤酒坊
The Bavarian beer Square

设计单位：北京东易日盛装饰集团天津分公司　　设计师：杨旭

项目地点：天津市

项目面积：1100 平方米

主要材料：德国都芳、意德法家

　　该作品被定义为欧式休闲餐饮，摆脱奢求风格，以优雅古典的曲线设计，让今夏的餐桌美食拥有别样的点缀。

　　欧式造型的优雅，舒适高贵，透露出历史和文化的内涵。而该作品是一种特殊的存在风格，因为欧式乡村文化包含了多种元素的糅合，形成的乡村风格也独特多变，有着一种别致的休闲风情。

　　在布局上，无论是大堂，大厅，还是包厢，浓郁的欧式乡村风格都给人舒适大气的空间感，很好地利用了自然光，每一桌客人都能看到窗外的风景，大厅是上下两层的格局，层次感也得到了提升。

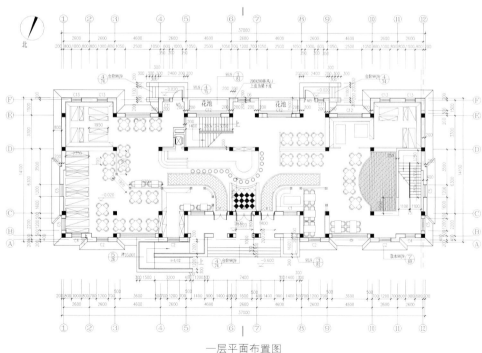

一层平面布置图

世纪时代娱乐会所
Century Entertainment Club

设计单位：重庆汇慧德装饰设计工程有限公司   设计师：高保权

项目地点：重庆

项目面积：3000 平方米

主要材料：各色大理石、爱舍墙纸、瑞丰灯具、
TOTO 洁具、多乐士乳胶漆

伴随着人们生活水平的不断提高，娱乐消费需求的不断增大，对于现有的各类娱乐场所来说，档次参差不齐，而本案致力于高端消费人群，达到了五星级娱乐会所的标准。

本案定位为一个时尚、奢华、高端的五星级娱乐会所，使其消费者拥有至尊的享受。

本案总共有 30 个房间，分成了两个区域，分别为金箔区和银箔区，同时在每一个区域中的每一个包间都在统一中求变化，让消费者每一次都有不同的享受。

本案大量的采用了各色的大理石、镜面玻璃、艺术拼图马赛克、皮革、油画、造型新颖的灯具，让整个空间达到了低调的奢华，同时使用了各式软包硬包，加强了对声音的控制，也提升了档次。

本案投入使用后，得到了消费者和业主方的高度认可，许多消费者都慕名而来，成为了当地首屈一指的娱乐会所，帮助业主实现了商业价值的最大化。

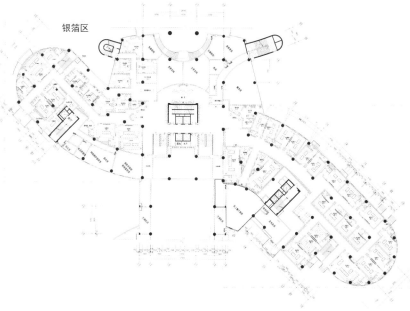

一层平面布置图

新钻石年代商务娱乐会所
The new diamond's business entertainment

设计单位：浙江世贸装饰设计工程有限公司　设计师：王建强

项目地点：杭州

项目面积：6000 平方米

主要材料：透光云石、米黄大理石、青玉、
雪弗板、不锈钢

商务会所性质的场所，体现出高雅轻松的氛围，市场定位为中高消费群体。

我们认为夜总会装修前的设计是非常的重要的，不同的夜总会经营模式接待不同层次的顾客，设计要求也不尽相同。新钻石年的定位以商务接待为主，因此我们采用高贵典雅、简约大方、时尚奢华的装饰风格。在方案装修设计中，平面布局是第一步也是至关重要的一环，它体现了我们前期策划的结果，结合了经营所需的功能、意识、同时也融和了装饰里面的造型、影响着整个空间主体效果的关键一步。

没有经营理念为基础的夜总会设计是空泛的设计，没有策划意识。作为主导的设计是盲目的设计，设计是策划思想的体现，是贯穿着以后的经营目的。所以，我们在装修设计之前通过与经营者深入的沟通，对市场的考察，了解娱乐潮流趋势、发展方向，掌握消费心理、消费习惯，结合策划意识、经营理念，在此基础上把握该项目初步的设计方向。通过经营模式的定位，对方案进行功能布局，娱乐气氛、装饰风格、灯光效果及施工建材，设计重点的确认，策划出该项目的整个设计方案。

我们认为一个成功的夜总会必须要做到策划为先，设计为重，经营为主。三者必须相互结合才能成就一个成功的娱乐项目。

该夜总会开业以来的经营业绩、业主对我们的认可程度以及每一位消费的客户给予我们的肯定，证实了我们在方案设计之前风格定位的准确性、设计手法的人性化、功能划分的合理性、经营理念的明确性。这里每一个步骤都经过反复思考、策划后，才将我们的每一个想法倾注到设计中，一步一步让该项目成功的演绎给每一位消费者。

潇湘会会所
Xiaoxianghui club

设计单位：北京丽贝亚建筑装饰工程有限公司　　设计师：刘旭东

项目地点：北京宣武区
项目面积：434 平方米

潇湘会会所是难得的古建翻新改建项目。潇湘一词，最早见于《山海经·中山经》："澧沅之风交潇湘之浦。"原意为湘江与潇水的并称。此后广为流传，作为如诗如画美的象征。

这座古色古香的建筑坐落于北京市西城区宣武门西大街。我们将这座古建诠释为四个词：歇山、大木作、槛窗、寻杖栏杆。我们所搭建的，不仅仅是极具富丽堂皇的食府，更是融汇东西方文化精髓的艺术殿堂。

我们的核心理念围绕天、地、人、和。

古建中大胆使用现代沥粉彩绘取代传统彩绘的做法，使空间多变而富有层次感。同时沥粉彩绘天花板制成活动隔板，便于加工、缩短控制工期进度。大量金、银、铜铂的应用，打造出金碧辉煌的效果。

采用巨幅西式油画饰面充当主材天花，使空间具有神秘感与空间感。

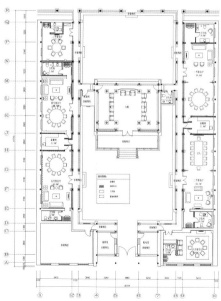

一层平面布置图

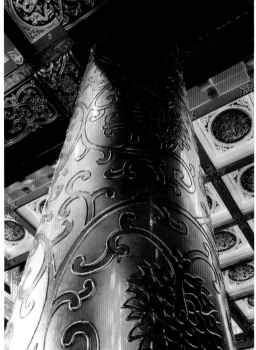

红山高尔夫 2 号会所
Hongshan Golf Club 2

设计单位：四川创视达建筑装饰设计有限公司　设计师：李文婷

项目名称：攀枝花红山高尔夫 2 号会所

项目地点：攀枝花

项目面积：6000 平方米

主要材料：白色仿旧木、天然石材、
　　　　　欧华墙纸

攀枝花红山高尔夫二号会所结合了优雅的自然环境和周边成熟的高尔夫球场，构筑一种与自然无限接近同时又极具人文之美的高尔夫休闲度假场所。

现在很多设计只停留在设计装修上，仅仅去考虑装修设计的档次却忽略了人情味和情感。因此我们把这个会所定位在与自然共生存的主题上，借助攀枝花天时地利的阳光、水、森林等自然景观，让二号会所延续高尔夫会所的传统及梦想。

　　利用借景手法把室外入口打造成无边界水池，给人以慵懒的感受，更把空间自然的延伸到室内。自然的石材、挺拔的棕榈树，细细的水声，构成了会所自然而有序的景观包围式入口。类似元宝一样的无边界水池在四层美式建筑前形成了独特的景观。会所的品味是在自然里体会精致与经典，这里有最好的环境位置、设施、服务、私人空间，让客人拥有足够的活动空间，充分享受唯一的、浪漫的会所体验。

　　会所拥有宽敞的酒店套房、高尔夫的配套设施、餐厅、KTV 娱乐、咖啡茶餐厅等。每个空间的设计上我们都充分考虑，尽量让不同区域的客人都能欣赏和体会到果岭、湖泊、亚热带气候的景致。

　　这里我们融合了本地景观，其设计本质上更多加入了美式乡村精神的度假性。精心设计的仿旧木质和粗糙石材，同时也体现了对固定装置的功能性和装饰性的重视。室外汤池的设计更希望客人能在足够放松心灵的同时，欣赏室外景观带来的与城市不一样的体验。

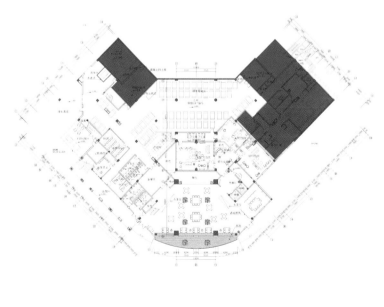

一层平面布置图

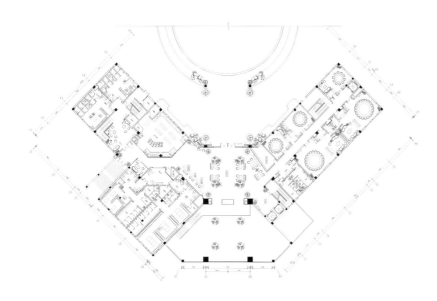

二层平面布置图

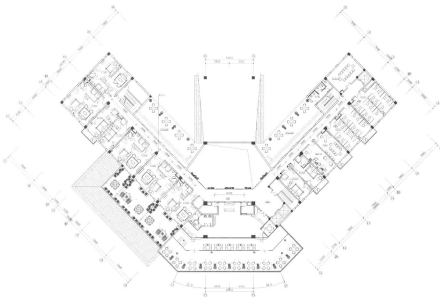

三层平面布置图

Myst
Myst

设计单位：齐物设计事业有限公司　设计师：甘泰来

项目地点：台北市信义区

项目面积：室内 1735 平方米、室外 555 平方米

主要材料：木纹耐火板、镀钛镜面不锈钢、
　　　　　风化木、墨镜、意大利灰网石、
　　　　　LED PANEL、红色漆面皮革、
　　　　　卡拉拉白天然石材、仿金属喷漆

本案坐落于 ATT 4 FUN 的高楼层，腹地包括九楼与八楼的 L 型露台，比邻台北 101 大楼。设计上，将主入口定位在九楼，因考量经营型态的多元性及空间效益，将全案划分为 Lounge、Nightclub、VIP Room 与户外露台等四大区域，各区之间藉由隧道串连，并配有吧台与独立的服务动线，让业主能够弹性划分各场域，主导不同时段的营业范围。

九楼的 Lounge、Nightclub、VIP Room 拥有各自的设计主题，但仍然运用了框景与映景的手法贯穿全案，并有大量的框件或是反射材料装置于立面、天花板，这些框格对宾客引导了阅读环境的角度，也利用

石材、墨镜或不锈钢的感光效果扩张环境动态，解构或重构着内部的风景。在华丽光色的渲染中，可见框景彼此映像或穿透，相乘出万花筒般的拼贴效果，与窗外的霓虹夜色相互辉映。

八楼的露台区拥有面对台北 101 大楼的极佳景观，以环境景色作为空间背景，并特意强调本案与此地标为邻的优势，让这座 L 型的带状露台一切都化繁为简，无论是沙发座椅、帐篷、高脚吧椅或是吧台均选择纯净色系，静静的衬托着宾客与都会夜景，让人得以暂且脱离喧闹的声色环境，在此欣赏灿烂灯火。

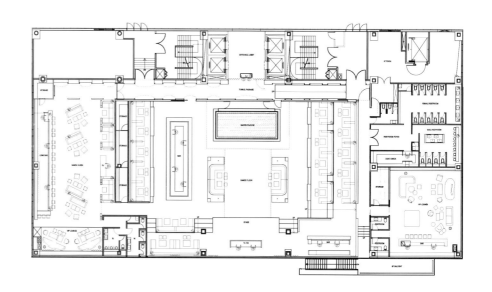

九层平面布置图

Casa Louisa 私人会所
Casa Louisa of Italy private club

设计单位：唯美达设计有限公司　　设计师：周智毅

项目名称：Casa Louisa 意大利式私人会所酒吧＆餐厅

项目地点：广州市保安前街和烟墩路交界

项目面积：1200 平方米

会所是坐落于最具广州文化底蕴的保安前街和烟墩路交界的三层红砖别墅内，糅合了东方古典和西方浪漫，用曲径通幽的手法，对平面布局做了很好的规划，两栋别墅分为餐厅区和酒吧区。重笔之作巴罗克镂空凋花大门，硬朗的黑铁以优美的弧线展现，配搭镂空凋花，完全打破传统，创造一道新风景线。餐厅首层大胆运用黑色和紫色两种色彩的碰撞，配搭线条精致的中东灯饰和家具，神秘感中弥漫浪漫的气息；二层纯白凋花线条在整层蔓延，无形中增强了空间的深度，每个细节都充满视觉愉悦感。

酒吧区树状图屏风切割得错落有致，增加空间的

私密感，独具主题的 VIP 休闲空间，洋溢复古个性，房间里的古董家私瑰丽奢华。

Casa Louisa 私人空间位于别墅顶层，利用材质，软装饰达到突显平和，内敛的华贵气派。这种结合主要体现在从传统风格里提取古典的装饰符号，复古欧洲彩绘玻璃窗台，简欧风格的凋花大门。在整体空间上，房间内没有采用任何隔断的屏风，增强了空间的通透性和延续性。家具的选购上，设计师独具匠心，采用纯净白色欧式沙发，石面餐厅和茶几，咖啡色长毛地毯等设计相互呼应。

一层平面布置图

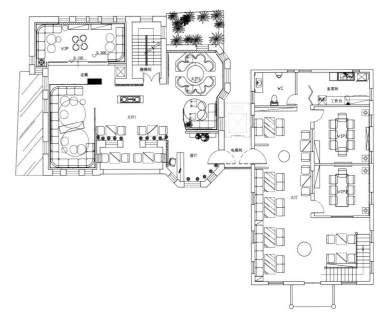

二层平面布置图

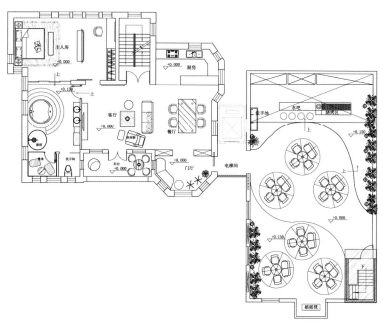

二层平面布置图

中信·森林湖会所
CITIC, Forest Lake Club

设计师：陈维、周哲雄

项目面积：9000 平方米

　　超越传统会所，连山临湖的独特双层构造，提供一份林海间深呼吸的畅意、自由。9000 余平方米异域纯粹南加州西班牙风情的沙龙空间，彰显情调。湖景西餐厅、咖啡厅、大堂吧、雪茄吧，16 间顶级客房。南加州西班牙风格设计，不仅可以营造出独特的识别性，又有强烈家的归属园。强调人、城市、自然三者和谐统一，山水公园社区。

　　两大会所（上会所为运动会所，下会所为休闲会所），下会所以功能分区为准将室内空间划分，充分体现主人优先的原则。
二楼私密区的客房及VIP套房与宴会大厅（兼功能厅）形成动静分离。一楼为生活情趣体验区、挑空的接待大堂、大堂吧、雪茄吧、
咖啡厅、西餐厅及小区配套机构，人穿梭于不同景观空间中，闲者自云，静听湖音；行走、坐卧、小饮……都成为脱俗的生活。
室外墙体的百叶窗、锻炼的扶栏、窗间柱子的壁灯，在细节处理上，特别细腻精巧，又贴近自然的脉动，使其拥有永恒的生命力，
每一个细节的讲究都力求对南加州西班牙原味的终极追求，着重突出整体的层次感和空间表情。

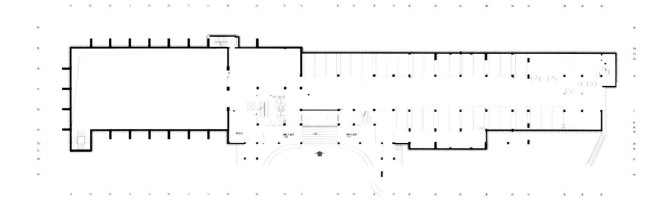

一层平面布置图

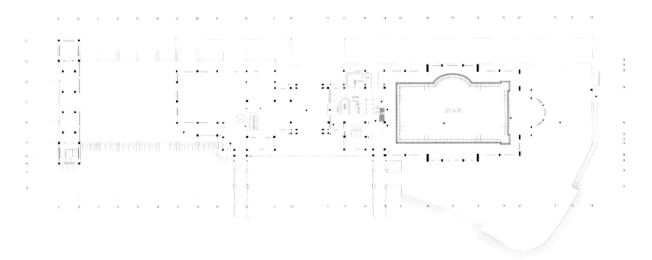

二层平面布置图

【欧式典藏】——欧式休闲

编委会成员名单

主　编：贾　刚

编写成员：贾　刚　蔡进盛　陈大为　陈　刚　陈向明　陈治强
　　　　　董世雄　冯振勇　朱统菁　桂　州　何思玮　贺　鹏
　　　　　胡秦玮　王　琳　郭　婧　刘　君　贾　濛　李通宇
　　　　　姚美慧　李晓娟　刘　丹　张　欣　钱　瑾　翟继祥
　　　　　王与娟　李艳君　温国兴　曾　勇　黄京娜　罗国华
　　　　　夏　茜　张　敏　滕德会　周英桂　李伟进　梁怡婷

丛书策划：金堂奖出版中心
特别鸣谢：金堂奖组织委员会

中国林业出版社建筑分社

－－

责任编辑：纪亮 李丝丝
联系电话：010-83143518
出版：中国林业出版社
本册定价：199.00 元（全四册定价：796.00 元）

－－

欧式餐厅　欧式酒店　欧式休闲　欧式会所

鸣谢

因稿件繁多内容多样，书中部分作品无法及时联系到作者，请作者通过编辑部与主编联系获取样书，
并在此表示感谢。